사이언스 리더스

고대 이집트
대탐험

스테퍼니 워런 드리머 지음 | 조은영 옮김

비룡소

스테퍼니 워런 드리머 지음 | 뉴욕 대학교에서 과학 저널리즘을 전공했고, 어린이 과학책을 쓰고 있다. 우주의 가장 이상한 장소부터 쿠키의 화학, 인간 뇌의 신비 등 어린이를 위한 다양한 주제로 책과 기사를 쓴다.

조은영 옮김 | 어려운 과학책은 쉽게, 쉬운 과학책은 재미있게 옮기려는 과학도서 전문 번역가이다. 서울대학교 생물학과를 졸업하고, 같은 대학교 천연물대학원과 미국 조지아대학교에서 석사 학위를 받았다.

이 책은 펜 박물관 이집트관 큐레이터 제니퍼 하우저 웨그너 박사와 메릴랜드 대학교의 독서교육학 명예 교수 마리엄 장 드레어가 감수하였습니다.

내셔널지오그래픽 키즈 사이언스 리더스
LEVEL 3 고대 이집트 대탐험

1판 1쇄 찍음 2025년 1월 20일 1판 1쇄 펴냄 2025년 2월 20일
지은이 스테퍼니 워런 드리머 옮긴이 조은영 펴낸이 박상희 편집장 전지선 편집 최유진 디자인 천지연
펴낸곳 (주)비룡소 출판등록 1994.3.17.(제16-849호) 주소 06027 서울시 강남구 도산대로1길 62 강남출판문화센터 4층
전화 02)515-2000 팩스 02)515-2007 홈페이지 www.bir.co.kr 제품명 어린이용 반양장 도서 제조자명 (주)비룡소
제조국명 대한민국 사용연령 3세 이상 ISBN 978-89-491-6929-3 74400 / ISBN 978-89-491-6900-2 74400 (세트)

NATIONAL GEOGRAPHIC KIDS READERS LEVEL 3
ANCIENT EGYPT by Stephanie Warren Drimmer
Copyright © 2018 National Geographic Partners, LLC.
Korean Edition Copyright © 2025 National Geographic Partners, LLC.
All rights reserved.
NATIONAL GEOGRAPHIC and Yellow Border Design
are trademarks of the National Geographic Society,
used under license.
이 책의 한국어판 저작권은 National Geographic Partners, LLC.에 있으며, (주)비룡소에서 번역하여 출간하였습니다.
저작권법에 의해 한국 내에서 보호를 받는 저작물이므로 무단 전재와 무단 복제를 금합니다.

이 책의 차례

과거를 보는 사람들

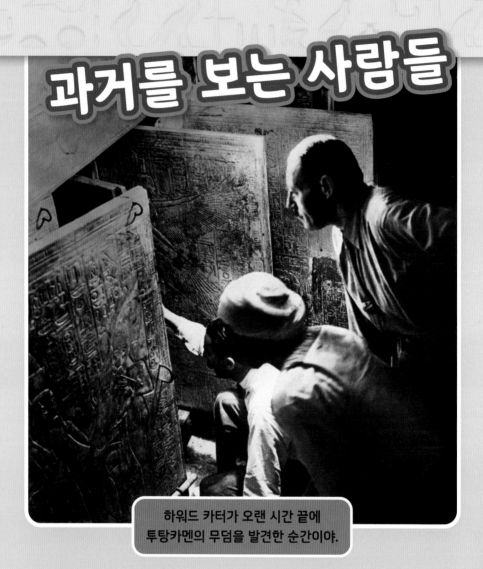

하워드 카터가 오랜 시간 끝에
투탕카멘의 무덤을 발견한 순간이야.

1922년 11월 26일, **고고학자** 하워드 카터가 무려
3000년 동안 닫혀 있던 문 앞에 섰어. 설레는 마음에
손까지 떨렸지. 카터는 문에 구멍을 뚫고, 그 사이로
안을 들여다보았어.

"뭔가 보입니까?" **발굴**팀의 동료가 물었어.

"그래, 보인다네." 카터가 말했지. "정말 멋지군."

카터가 발견한 건 파라오 투탕카멘의 무덤이었어. 무덤 안에는 온갖 보물들이 번쩍거렸지. 이 발견으로 사람들은 인류 역사에서 가장 큰 **문명**의 하나였던 **고대 이집트**를 엿볼 수 있게 되었어.

이집트 용어 풀이

고고학자: 오래전에 만들어진 유물과 유적을 조사해 인류의 역사를 연구하는 사람.

발굴: 땅속에 파묻힌 것을 조심스럽게 꺼내는 일.

문명: 자연 그대로의 생활에서 기술, 예술, 정치, 경제 등을 발전시켜 복잡한 사회를 이루는 과정 또는 그 삶의 모습.

카터와 발굴팀이 보았을 무덤 안의 유물을 재현한 모습이야.

나일강의 선물

나일강은 아프리카에서 가장 긴 강이야.

이집트의 땅 대부분은 뜨겁고 건조한 사막이야.
그리고 그 사이로 나일강이 흐르지. 매년 나일강에는
홍수가 일어나 강물이 주변 지역까지 흘러넘치곤
했어. 시간이 지나 넘친 강물이 빠져나가면, 땅은
'실트'라는 영양이 풍부한 검은 흙으로 뒤덮였어.
흙은 그 땅의 농작물을 쑥쑥 자라게 해 주었지.

약 7500년 전, 사람들은 나일강 주변에 자리를 잡고 살기 시작했어. 그리고 매년 언제 농사를 짓는 게 좋을지 알기 위해 홍수가 일어나는 때를 기준으로 달력을 만들었지. 이 달력은 365일, 열두 달로 되어 있어. 바로 지금의 우리가 사용하는 달력이 이때 만들어졌단다.

나일강 주변에는 나무와 풀이 푸르게 자라고 있지만, 그 너머에는 메마른 모래사막뿐이야.

고대 이집트의 돛단배는 바람의 힘을 받아 빠르게 나아갔어. 방향을 바꿀 때는 긴 장대를 이용했지.

고대 이집트 사람들은 나일강을 이용해 먼 길을 다녔어. 마치 차를 타고 고속 도로를 달리는 것처럼, 배를 타고 강의 상류와 하류를 오갔지. 배에 다른 나라 사람들과 맞바꿀 물건을 싣고 말이야.

고대 이집트는 크고 강한 나라로 성장했어. 세계 역사상 가장 강력한 문명을 지닌 나라가 되었지. 이집트 문명은 기원전 3100년경부터 기원전 30년까지, 약 3000년 넘게 이어졌어.

기원전과 기원후

기원후 1년은 오늘날 우리가 사용하는 달력이 시작하는 첫해를 뜻해. 하지만 고대 이집트의 시간은 그보다 훨씬 오래되었어. 그래서 기원후 1년 이전의 시간을 거꾸로 세어 나가야 해. 이 시간을 '기원전'이라고 불러. 그래서 기원전은 수가 커질수록 더 옛날이라는 뜻이야. 투탕카멘은 기원전 1341년에 태어났고, 9살이 되던 기원전 1332년에 왕이 되었어.

기원후
(오늘날 우리가 세는 연도)

기원전

기원후 2500년
기원후 2000년
기원후 1500년
기원후 1000년
기원후 500년
기원후 1년
기원전 500년
기원전 1000년
기원전 1500년
기원전 2000년
기원전 2500년
기원전 3000년
기원전 3500년

이집트의 왕, 파라오!

이집트 룩소르 신전 입구에 있는 람세스 2세 석상이야.

고대 이집트에서는 왕을 **파라오**라고 불렀어. 그리고 파라오가 살아 있는 신이라고 믿었지.

이집트에서 파라오의 힘은 아주 대단했어. 마음대로 법을 만들 수 있었고, 이집트 땅과 그 땅에 있는 모든 걸 가질 수 있었어.

예술가들은 수많은 석상과 건축물 등에 파라오를 새겼어. 실제 나이와는 상관없이 언제나 젊고 건강한 모습으로 남겨 두었지.

파라오와 신이 함께 있는 모습이 돌에 새겨져 있어.

람세스 2세는 고대 이집트 역사에서 가장 중요한
파라오 중 한 사람이야. 무려 66년 동안 이집트를
다스리며 어느 파라오보다도 많은 **유적**을 남겼어.

투탕카멘은 고작 10년 동안 이집트를 다스렸지만,
오늘날 가장 유명한 파라오야. 왕좌, 보석, 금으로
만든 관, **전차** 등 5000가지가 넘는
보물이 무덤에서 발견되면서
유명해졌지.

투탕카멘의 무덤에서는 전차가
무려 6대나 발견되었어.

수염을 단 나일강의 여왕

하트셉수트는 고대 이집트 왕국에서 몇 안 되는 여자 파라오 중
하나야. 전문가들은 오랫동안 하트셉수트가 여자인지 몰랐어.
하트셉수트가 석상이나 그림에서 수염을 달고 근육을 강조하라고
명령했기 때문이야. 대부분의 파라오가 남자였기 때문에, 그들과
똑같이 존경받고자 한 거지.

하트셉수트의 석상

이집트 용어 풀이

유적: 과거 역사적인 사건이
일어났던 장소나 건축물.

전차: 말이 끄는 바퀴
두 개짜리 탈것.

거대한 무덤과 듬직한 수호자

어떤 파라오는 사람들을 시켜서 **피라미드**를 지었어.
피라미드는 파라오를 기리기 위해 돌이나 벽돌을
쌓아 만든 거대한 무덤이야. 이집트 기자에 있는
쿠푸왕의 **대피라미드**도 그중 하나지. 이 피라미드는
3800년이 넘게 세계에서 가장 높은 건축물이었어.
무려 10만 명이 모여 20년 동안 지었고, 처음 쌓았을
때 높이가 약 147미터나 되었대.

기자의 스핑크스야. 스핑크스는 고대
이집트뿐만 아니라 그리스, 메소포타미아
등 고대 신화와 전설에도 자주 등장해.

고대 이집트인들은 피라미드를 지키기 위해 근처에
커다란 **스핑크스**를 세웠어. 카프레왕 피라미드 앞에
있는 스핑크스는 높이가 20미터에, 앞발부터
꼬리까지의 길이도 70미터가 넘어!

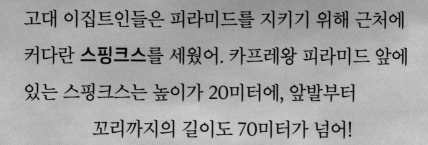

이집트 용어 풀이

대피라미드: 세계에서
가장 큰 쿠푸왕의
피라미드를 이르는 말.

스핑크스: 사자의 몸과 파라오의
얼굴을 한 상상의 괴물.

카프레왕의 피라미드를 짓기 위해 수천 명이 일했다고 해.

고대 이집트 사람들은 어떤 기계도 없이 피라미드를 지었어. **채석장**에서 캔 돌을 거대한 벽돌 모양으로 자른 다음, 배가 있는 곳까지 끌고 가서 나일강에 띄워 보냈어. 도착지에 닿으면 돌을 긴 경사로에 올려서 피라미드를 짓는 장소까지 옮겼지.

잃어버린 도시를 되찾다

1999년, 고고학자 마크 레너와 그의 발굴팀이 기자의 대피라미드 근처에서 고대 마을의 유적을 발견했어. 공동 침실, 주방, 병원 등의 흔적들로 오래전 피라미드를 짓던 사람들이 살았던 곳이라고 짐작했어.

사람들이 조심스럽게 고대의 도시를 발굴하고 있어.

이집트 용어 풀이

채석장: 건축물을 짓는 데 사용될 바위를 캐내는 곳.

미라와 사후 세계

거대한 무덤인 피라미드에는 오직 파라오 한 사람만을 묻었어. 그리고 근처에 지은 작은 피라미드에 가족들을 **매장**했지.

사후 세계의 동물들

고대 이집트인들은 사람이 죽으면 미라로 만들었어. 죽은 사람을 무덤에 묻기 전에 썩지 않게 말려서 붕대로 감아 놓은 것을 미라라고 해. 그런데 사람만 미라로 만드는 건 아니었어. 고대 이집트인들은 동물을 미라로 만들어 함께 묻기도 했단다. 아래의 고양이 미라처럼 말이야. 개, 매, 심지어 악어 미라도 발견되었다지. 사람의 간절한 바람을 동물이 대신 신에게 전하기를 바라는 마음에서 동물을 미라로 만들었다고 해.

투탕카멘의 무덤은 수많은 파라오의 무덤이 모여 있는 왕가의 계곡에서 발견되었어. 위 사진은 투탕카멘의 무덤에서 발견된 보물들이야.

고대 이집트인들은 사람이 죽은 후에도 **사후 세계**에서 살아갈 거라고 믿었어. 그래서 사후 세계에서 쓸 수 있게 음식, 옷, 가구, 보석 등을 무덤에 함께 묻어 주었지.

이집트 용어 풀이

매장: 시체를 땅속에 묻는 일.

사후 세계: 생명이 죽은 후에 가게 된다고 여겨지는 세계.

전문가들은 처음엔 미라가 우연히 만들어졌을
거라고 생각했어. 원래 이집트인들은 사람이 죽으면
사막에 묻었어. 사막은 세균이 살 수 없을 정도로
뜨겁고 메말랐지. 그래서 시체가 썩지 않고 그대로
말라 버린 거야.

스페인의 마드리드 국립 고고학
박물관에 전시된 이집트 미라야.

모든 사람을 미라로
만들었던 건 아니야. 미라를
만들려면 돈이 너무 많이
들었어. 그래서 부자들만
미라가 될 수 있었지.

고대 이집트인들은 사람의 몸이 썩지 않고
보존된다면, 그 사람의 영혼도 영원히 살게 된다고
믿었어. 그래서 오랜 시간 연구한 끝에 몇백 년이
지나도 썩지 않는 미라를 만들게 되었지!

이집트 용어 풀이

보존: 부서지거나 썩지 않게
잘 보호하여 남기는 일.

미라를 만들자!

고대 이집트인들을 따라 미라를 만들어 볼까? 먼저,
죽은 사람의 몸을 깨끗하게 닦아 눕힌 뒤 콧속으로
갈고리를 밀어 넣어 머릿속 뇌를 긁어내.

다음에는 몸속 간, 위, 창자, 폐를 꺼내 **카노푸스
단지**에 집어넣어. 단, 심장은 몸의 원래 자리에
두어야 해. 고대 이집트인들은 사후 세계로 갈 때
심장이 필요하다고 믿었기 때문이야.

카노푸스 단지의 뚜껑은 인간 혹은 신의 머리 모양처럼 꾸며졌어.

이집트 용어 풀이

카노푸스 단지: 고대 이집트
사람들이 죽은 사람의 장기를
보관할 때 사용한 특별한 용기.

고대 이집트인은 뇌를 중요하게 여기지 않았어. 대신 살아가면서 필요한 지혜가 모두 심장에 있다고 믿었지.

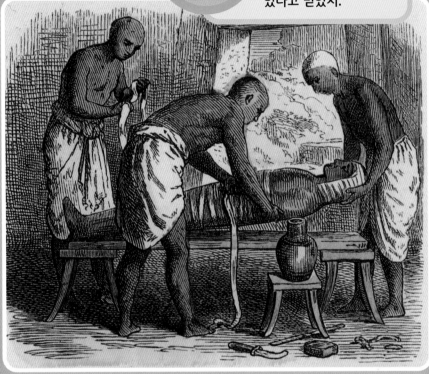

이어서 천연 소금 중 하나인 나트론으로 몸속을 채우고 40일 동안 수분을 말려.

바짝 말린 몸에서 나트론을 빼내고 천이나 향료, 짚 등을 다시 채워서 죽기 전의 모습대로 만들어. 그런 다음 몸을 천으로 둘둘 말면 미라가 완성돼!

투탕카멘의 무덤에 있던 벽화야. 왼쪽에 서 있는 죽음과 부활의 신 오시리스가 파라오를 다음 세상으로 데려가는 모습을 그렸어.

고대 이집트인들은 사람이 죽으면 오시리스 신 앞에
선다고 믿었어. 오시리스는 그들이 살던 동안 지은
죄를 심판해서 사후 세계에 갈 수 있을지 결정했지.

오시리스는 죽은 사람의 심장을 정의의 저울 한쪽에
두고, 다른 한쪽에 진실의 깃털을 올려놓았어.
죄를 많이 지을수록 심장이 무거워졌는데, 심장이
깃털보다 가벼운 사람만 사후 세계에 갈 수 있었어.

늑대의 머리를 한 아누비스 신이 심장의 무게를 재고
있어. 왼쪽에는 악어 머리를 한 암무트 신이 있지. 심장이
깃털보다 무거우면 암무트가 그 심장을 먹어 버릴 거야!

6 고대 이집트의 가지 재미난 사실

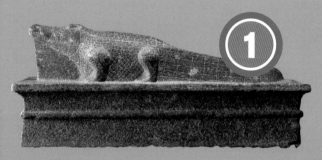

1 고대 이집트인들은 고양이와 코브라, 악어 등 여러 동물을 신의 상징으로 여겼어. 심지어는 동물 자체를 살아 있는 신으로 생각하기도 했지.

고대 이집트에서는 남녀 모두 머리를 바짝 자르고는 했어. 머릿니를 없애고 사막의 열기를 식히려고 말이지. 짧은 머리를 가리고 싶을 땐 가발을 썼다고 해.

2

3 이집트인들은 곡물을 많이 키웠어. 그걸로 주로 빵과 죽을 만들어 먹고 살았지.

미라에 죽은 사람의 얼굴을 닮은 가면을 만들어 씌웠어. 그래야 그 사람의 영혼이 나중에 자기 몸을 찾아갈 수 있다고 생각했거든.

세계 7대 불가사의는 인간이 지은 가장 놀라운 건축물을 일컫는 말이야. 그중에서 지금까지 남아 있는 건축물은 쿠푸왕의 대피라미드뿐이지.

고대 이집트에는 화장술이 발달했어. 남자 여자 할 것 없이 모두 화장을 했지. 화장을 하면 신이 보호해 준다고 믿었거든.

고대 이집트
사람들의 생활

신은 고대 이집트인의 삶에서 대단히 중요했어.
매일 하는 허드렛일에서부터 안전한 여행, 사후
세계의 삶까지 사람들의 모든 일에 신이 함께했지.
이집트인들은 무려 2000명이 넘는 신을 따르고
믿었어. 그중에서도 몇몇 중요한 신을 소개할게.

매 혹은 매의 머리를 한 호루스는 하늘의 신이야.

호루스의 모습을
담은 보석 장신구야.
양쪽 발톱으로
영원한 생명을
상징하는 십자가
'앵크'를 붙들고
있어!

토트는 따오기 머리를 한 신으로 묘사돼. 따오기는 이집트에 많이 살았던 새야.

토트는 과학, 문학 등을 탄생시킨 지식과 지혜의 신이지.

뱀과 전갈이 집 안으로 들어오지 못하도록 집을 지키는 신, 베스도 있어.

고대 이집트인들은 베스가 악마도 물리친다고 믿었어.

고대 이집트에서는 몸이 아프면 신이 화를 내는 거라고 생각했어. 의사는 치료를 위해 악마를 쫓아 버리는 주문을 외우곤 했지. 물론 약을 지어 주기도 했어. 꿀을 넣어 만든 천연 소독약이 대표적이야. 하지만 엉터리 약도 있었어. 박쥐 피로 만든 안약이 그중 하나야. 전혀 효과가 없었거든.

이집트의 종이인 파피루스에 의사가 환자의 눈을 치료하는 모습이 그려져 있어.

신통방통 미라에서 얻은 지혜

고대 이집트인들은 미라를 만들며 인간의 몸에 대해 잘 알게 되었어. 그래서 이집트 의사는 상처를 꿰매고, 부러진 뼈를 치료하고, 칼을 이용해 간단한 수술을 할 수 있었다고 해.

생생 역사 탐험

인류 최초의 여성 의사는 페세쉐트라는 고대 이집트인이었어. 기원전 2500년 무렵 대피라미드 공사장에서 다친 사람을 치료했지.

하트셉수트의 신전은 1년에 두 번, 여름과 겨울에 한 번씩
아침 해가 신전 안의 석상을 비추도록 설계되었어.

고대 이집트 시대에는 의학뿐 아니라 수학도 아주
발달했어. 건축물이 무너지지 않게 지으려면 수학을
잘 알아야 했거든. 0과 1만으로 이루어진 수의
체계를 처음 만든 것도 이집트인이야. 이 체계는
지금까지도 컴퓨터나 기계에서 수를 계산할 때
사용된단다.

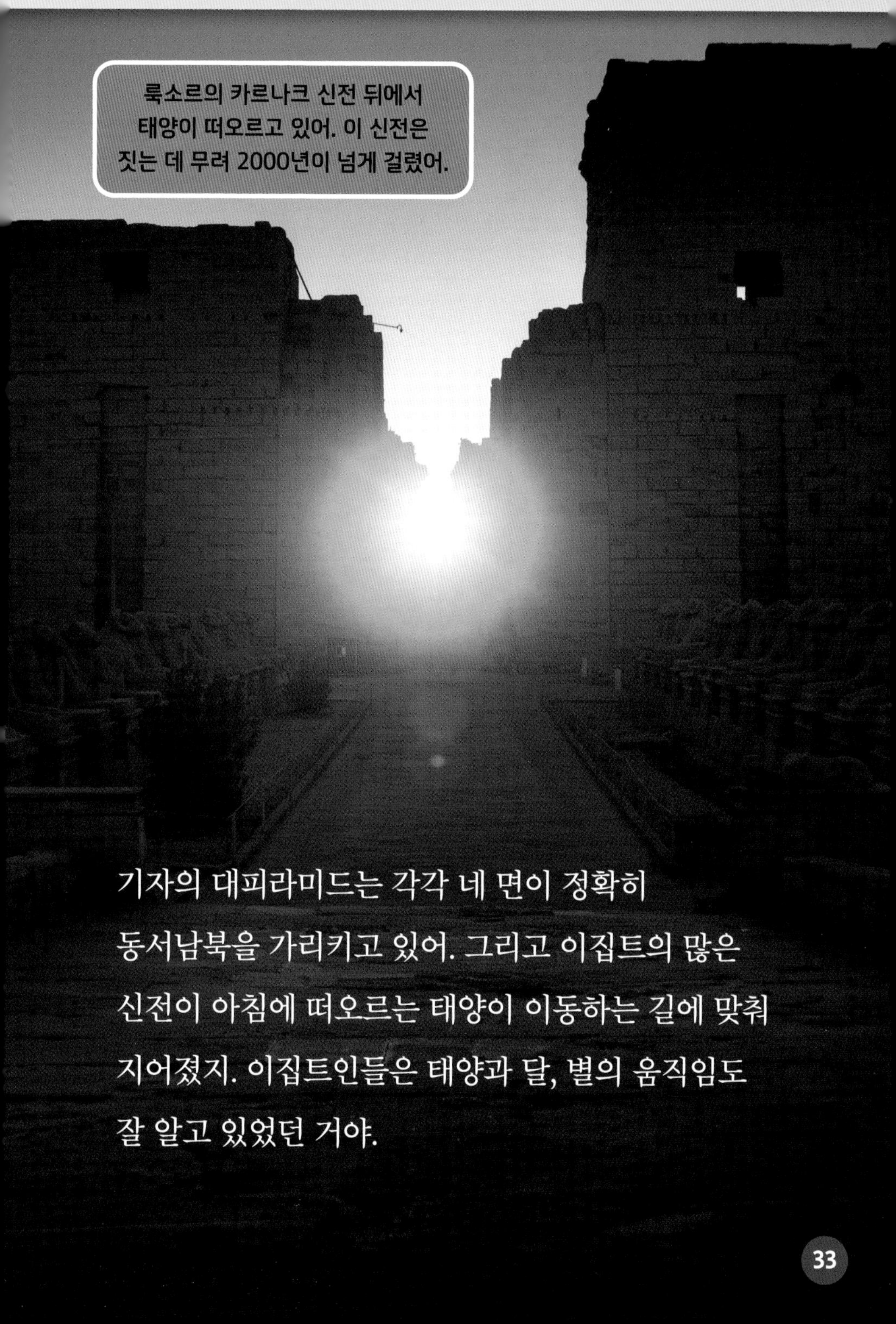

룩소르의 카르나크 신전 뒤에서
태양이 떠오르고 있어. 이 신전은
짓는 데 무려 2000년이 넘게 걸렸어.

기자의 대피라미드는 각각 네 면이 정확히
동서남북을 가리키고 있어. 그리고 이집트의 많은
신전이 아침에 떠오르는 태양이 이동하는 길에 맞춰
지어졌지. 이집트인들은 태양과 달, 별의 움직임도
잘 알고 있었던 거야.

나무를 깎고 색칠해서 만든 배 조각품

고대 이집트의 예술가들은 아름다운 그림, 조각,
보석, 가구 등을 만들어 사랑하는 사람의 무덤에
함께 묻었어. 그러면 사후 세계에 가서도 이
작품들을 다시 볼 수 있을 거라고 믿었거든.

예술 작품을 보면 고대 이집트인들의 생활을 알
수 있어. 어떤 옷을 입고 살았는지, 어떤 직업이
있었는지, 어떤 놀이를 했는지 알려 주지.

카르나크 신전의 석상

투탕카멘의 증조할머니인 투야의
무덤에서 발견된 보관함이야.

고대 이집트인들은
보드게임을 아주
좋아했어. 심지어
몇몇 파라오는
자기가 좋아하는
게임을 무덤에
함께 묻기도 했지.

생생
역사
탐험

'세네트'라는 보드게임이야.
고대 이집트에서 아주 인기
있는 게임이었대.

땅속에 묻힌 보물들

이집트학자는 오래된 예술 작품과 유물들을 조사해
고대 이집트에 대해 연구하는 사람이야.
이집트학자들은 땅속에 묻힌 고대 도시를 발굴하고
무덤 속을 들여다봐. **3차원 스캐닝** 같은 현대식
기술도 사용하고 있지. 이 기술이면 관을 열지
않고도 속에 있는 미라의 모습을 알아낼 수 있어!

3차원 스캐닝 기술을 이용해 천에 꽁꽁
싸인 미라의 뼈대를 볼 수 있어.

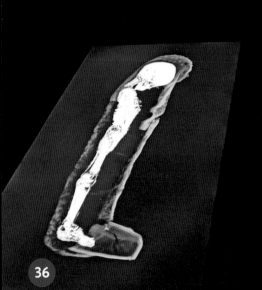

무덤을 노리는 악당들

진귀한 고대 유물인 미라를 함부로 다루는 사람들도 있었어. 바로 무덤 도둑인 도굴꾼이야. 도굴꾼은 허락 없이 무덤을 파헤쳐서 보물을 훔치는 사람을 말해. 고대 이집트의 도굴꾼들은 미라를 싼 천을 풀고 금과 보석을 훔쳐 갔어. 오죽하면 무덤을 만든 사람들이 도굴꾼들을 속이려고 복잡한 터널과 텅 빈 방까지 만들었겠어? 하지만 그것도 소용없었지.

고대 이집트의 경찰은 개나 원숭이를 훈련해 데리고 다녔어. 위 조각에 경찰이 개코원숭이와 함께 도둑을 체포하는 장면이 새겨져 있어.

이집트 용어 풀이

이집트학자: 고대 이집트의 역사, 언어, 문학, 종교, 건축, 예술 등을 연구하는 사람.

3차원 스캐닝: 특수한 장비를 이용하여 물체의 위아래, 앞뒤, 좌우 모양을 측정하는 기술.

1799년에 모두를 깜짝 놀라게 한 고대 이집트 유물이 발견되었어. 한 프랑스 병사가 글씨가 잔뜩 써진 비석을 찾은 거야. 이집트 로제타 마을에서 발견되어 로제타석이라는 이름이 붙은 이 비석에는 왕의 명령이 세 가지 언어로 적혀 있었어. 그중 하나가 이집트 **상형 문자**야. 2000년 동안 아무도 해독하지 못해 수수께끼로 남아 있던 문자였지. 하지만 마침내 학자들은 로제타석에 적힌 다른 두 언어를 이용해 상형 문자를 읽을 수 있게 되었어.

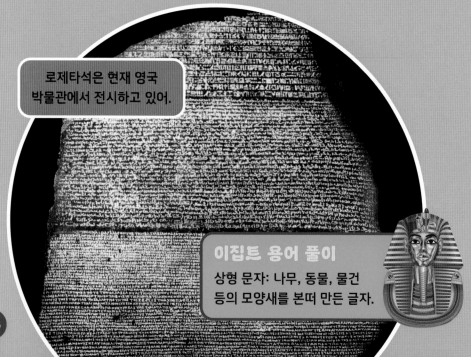

로제타석은 현재 영국 박물관에서 전시하고 있어.

이집트 용어 풀이

상형 문자: 나무, 동물, 물건 등의 모양새를 본떠 만든 글자.

카말 엘 말라크

쿠푸왕의 배를 통해 고대 이집트 선박의 모습을 살펴볼 수 있어.

1954년에 또 한 번의 놀라운 발견이 있었어.

이집트학자 카말 엘 말라크가 길이가 약 44미터인

배를 발굴했거든. 이 배는 쿠푸왕의 무덤에 함께 묻혀

있었어. 쿠푸왕이 이 배를 타고 나일강을 따라 사후

세계로 향했으면 하는 바람이 담겨 있었을 거야.

이집트학자에게 물어봐!

세라 파캑은 위성 사진을 이용해서 고대 이집트 도시 타니스의 지도를 만들었어.

세라 파캑

세라 파캑은 **위성 사진**을 이용해서 사막이나 숲 아래 감춰진 고대 유적지를 찾는 미국의 고고학자이자 이집트학자야.
지금부터 세라 파캑과 나눈 짧은 인터뷰를 함께 보자.

예비 고고학자 모집!

사라 파캑은 글로벌X플로러라는 온라인 프로젝트를 시작했어. 사람들의 힘을 빌려 엄청난 양의 위성 사진을 분석하는 프로젝트야. 사진을 보고 땅 속에 묻힌 유적지를 찾는 걸 목표로 해.

Q. 왜 이집트학자가 되었나요?

A. 어려서부터 이집트를 너무 좋아했거든요.

Q. 지금 하는 일을 세 단어로 설명해 주세요!

A. 모험, 미스터리, 아름다움.

Q. 유적지를 발굴하면서 언제 가장 즐거운가요?

A. 팀이 한 가족처럼 힘을 합쳐 일하는 순간이요.

Q. 고대 이집트로 가게 된다면 어떤 직업을 갖고
싶나요?

A. 당연히 파라오죠!

Q. 이집트학자가 되고 싶은 어린이에게 한마디 해
주세요!

A. 학교 공부 열심히
하고 책을 많이 읽으세요.

이집트 용어 풀이
위성 사진: 우주에 있는
장비로 찍은 사진.

이집트 사막에는 여전히 많은 비밀이 묻혀 있어.
스핑크스는 누구의 얼굴을 본떠 조각한 걸까?
이집트의 유명한 왕비 네페르티티는 어디에
묻혔을까? 이집트학자들은 계속해서 이런 질문의
답을 찾고 있지.

이집트 왕비 네페르티티의
조각상이야. 네페르티티는
기원전 1300년대 중반에
남편 아크나톤과 함께
이집트를 다스렸어.

어때? 파라오와 피라미드, 미라 이야기를 읽다 보니 이집트학자가 되고 싶은 마음이 마구 들지 않아? 언젠가 너희 중 누군가가 이 엄청난 문명의 수수께끼를 풀기를 기대할게!

도전! 이집트 박사

고대 이집트에 대해서 얼마나 알게 되었니? 아래 퀴즈를 풀면서 확인해 봐. 정답은 45쪽 아래에 있어.

1922년에 하워드 카터가 발견한 것은?
A. 대피라미드
B. 스핑크스
C. 투탕카멘의 무덤
D. 로제타석

이집트에 있는 아프리카에서 가장 긴 강의 이름은?
A. 아마존강
B. 나일강
C. 미시시피강
D. 쿠푸강

하트셉수트는 어떤 사람일까?
A. 여자 파라오
B. 이집트 의사
C. 고고학자
D. 남자 파라오

4. 피라미드는 _____이야.
A. 신전
B. 조각상
C. 무덤
D. 식료품점

다음 중 고대 이집트인들이 발명한 것은?
A. 달력
B. 한글
C. 3차원 스캐닝
D. 도굴

이집트학자가 고대 이집트의 상형 문자를 읽는 데 결정적인 도움을 준 것은?
A. 스핑크스
B. 투탕카멘의 무덤
C. 로제타석
D. 카프레의 신전

다음 중 고대 이집트에서 의사가 할 수 있었던 것은?
A. 상처 꿰매기
B. 부러진 뼈 치료하기
C. 가벼운 수술
D. A, B, C 전부

정답: ①C, ②B, ③A, ④C, ⑤A, ⑥C, ⑦D

꼭 알아야 할 역사 용어

고고학자: 오래전에 만들어진 유물과 유적을 조사해 인류의 역사를 연구하는 사람.

문명: 자연 그대로의 생활에서 기술, 예술, 정치, 경제 등을 발전시켜 복잡한 사회를 이루는 과정 또는 그 삶의 모습.

이집트학자: 고대 이집트의 역사, 언어, 문학, 종교, 건축, 예술 등을 연구하는 사람.

보존: 부서지거나 썩지 않게 잘 보호하여 남기는 일.

채석장: 건축물을 짓는 데 사용될 바위를 캐내는 곳.

카노푸스 단지: 고대 이집트
사람들이 죽은 사람의 장기를
보관할 때 사용한 특별한 용기.

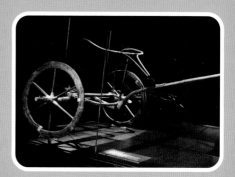

전차: 말이 끄는 바퀴 두 개짜리
탈것.

발굴: 땅속에 파묻힌 것을
조심스럽게 꺼내는 일.

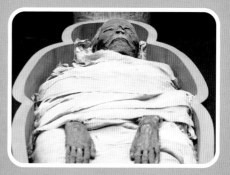

사후 세계: 생명이 죽은 후에
가게 된다고 여겨지는 세계.

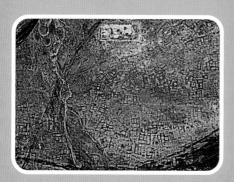

위성 사진: 우주에 있는 장비로
찍은 사진.

스핑크스: 사자의 몸과 파라오의
얼굴을 한 상상의 괴물.

찾아보기